AF579553

ESSAI GÉOMÉTRIQUE *ET PRATIQUE*, SUR *L'ARCHITECTURE* NAVALE,

A L'USAGE DES GENS DE MER;

Par M. VIAL DU CLAIRBOIS.

TOME SECOND, *contenant les Planches.*

A BREST,

Chez R. MALASSIS, Imprimeur ordinaire du Roi & de la Marine.

& se trouve A PARIS,

Chez DURAND, Neveu, Libraire, Rue Galande.

Avec Approbation & Privilege. 1776.

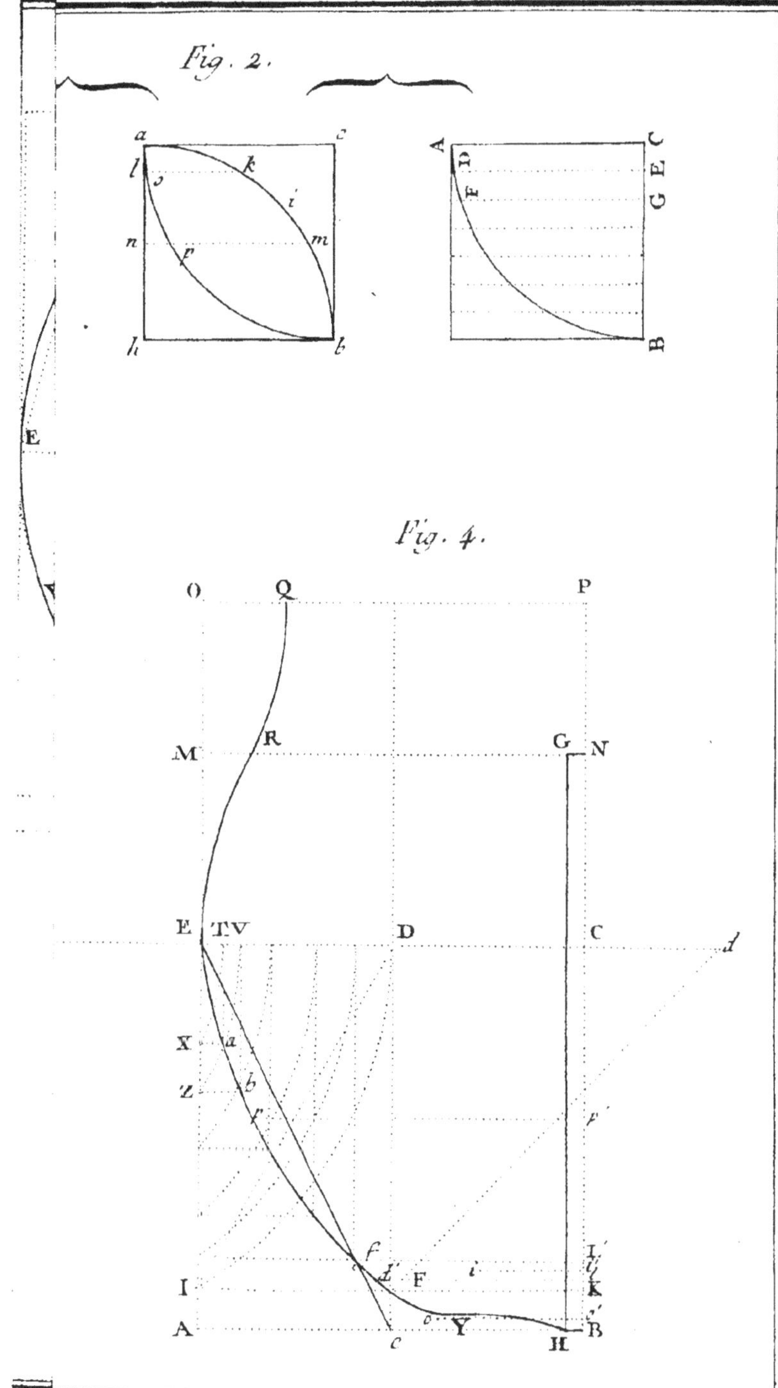

Fig. 2.

Fig. 4.

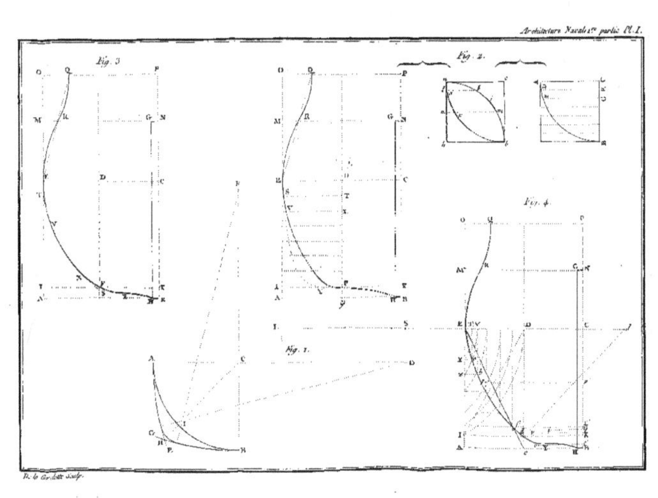
Fig. 3
Fig. 2.
Fig. 1.
Fig. 4.

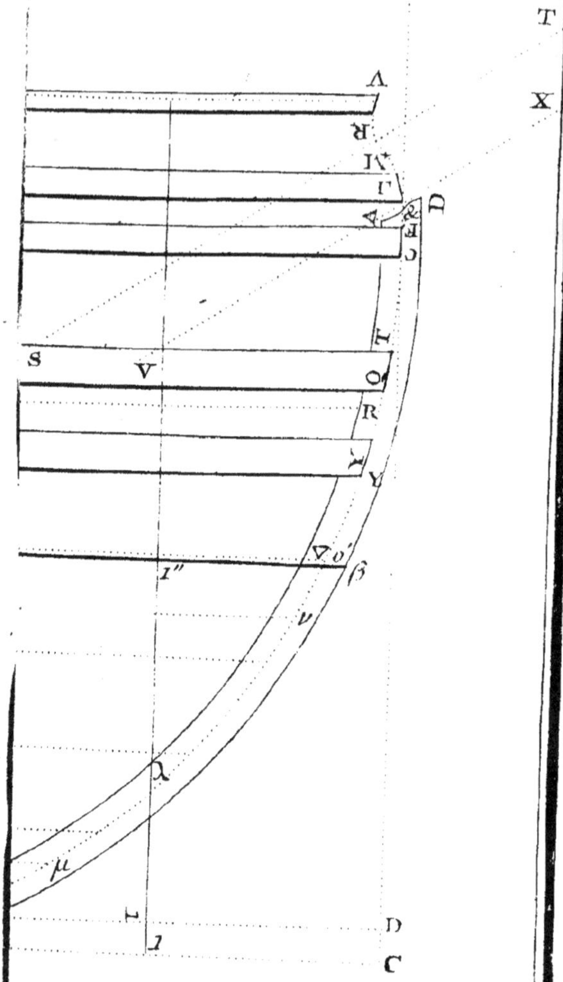

Architecture Navale P.re Partie Pl. II.

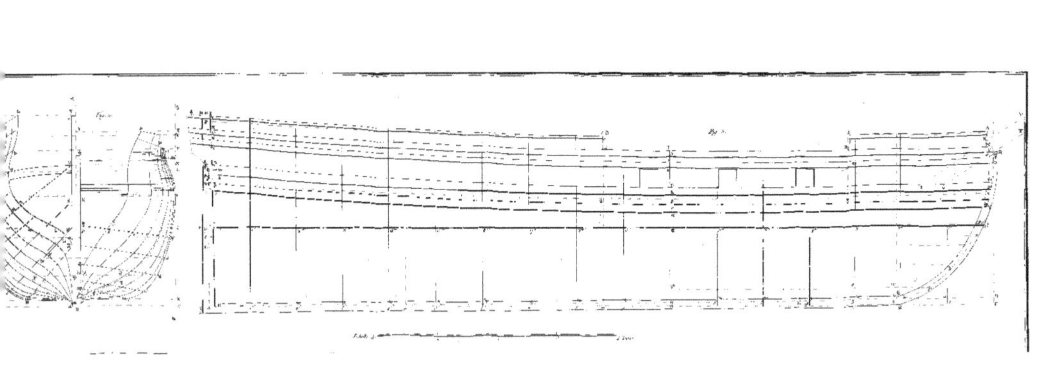

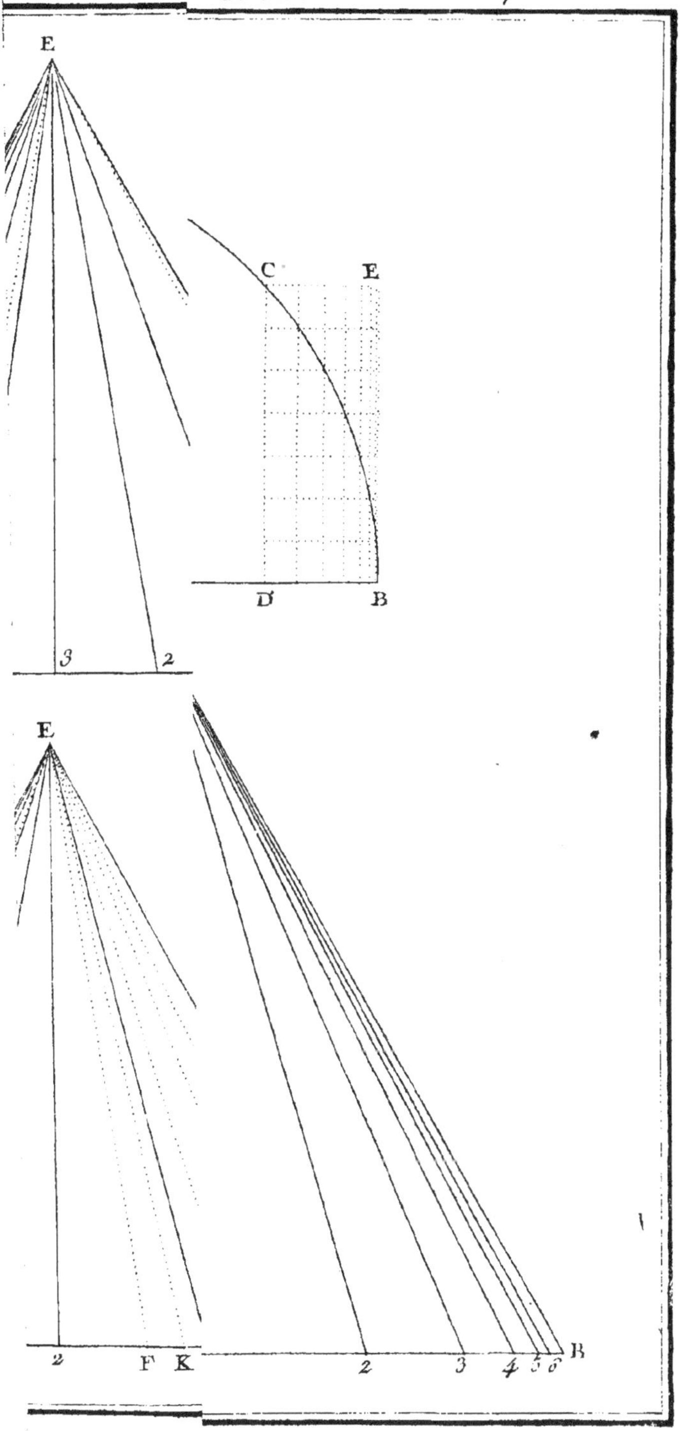

E

C E

D B

3 2

E

2 F K 2 3 4 5 6 B

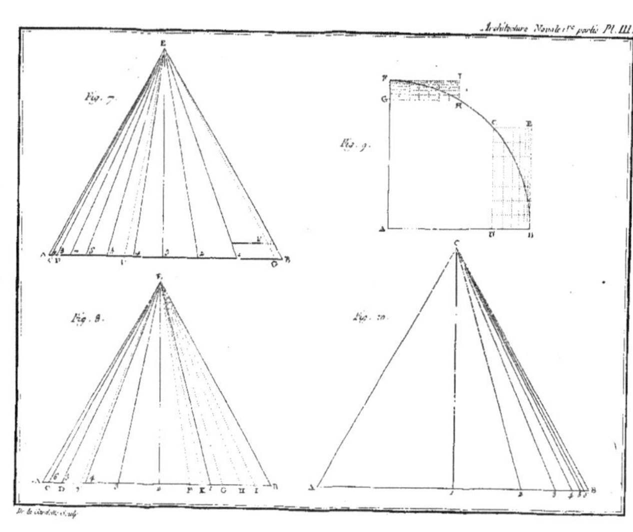
Architecture Navale 1re partie Pl. III.
Fig. 7.
Fig. 8.
Fig. 9.
Fig. 10.

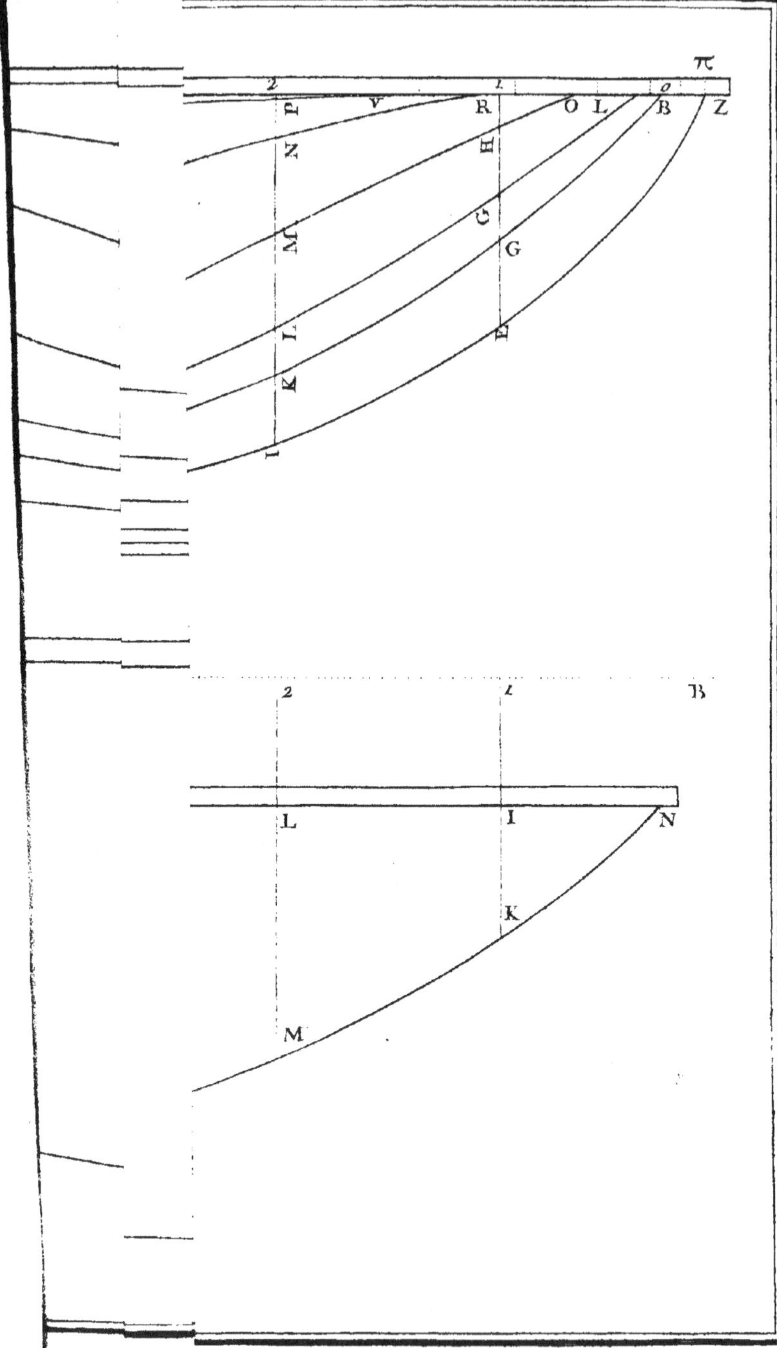
π
2
1
0
P
V
R
O
L
B
Z
N
H
M
G
G
L
E
K
I
2
1
B
L
I
N
K
M

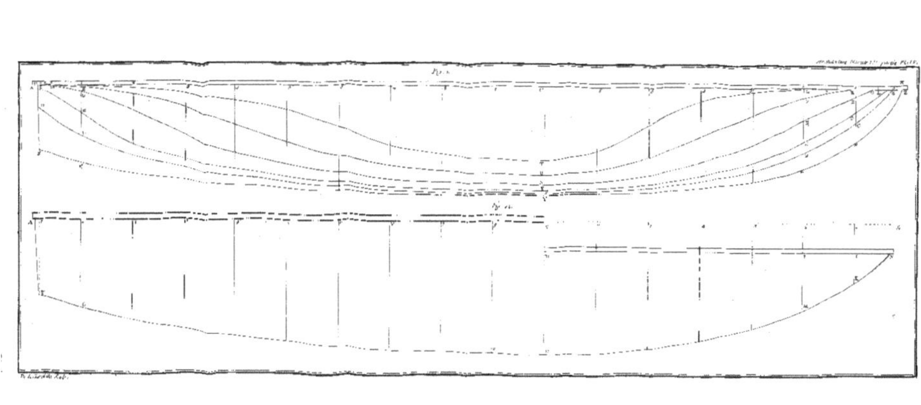

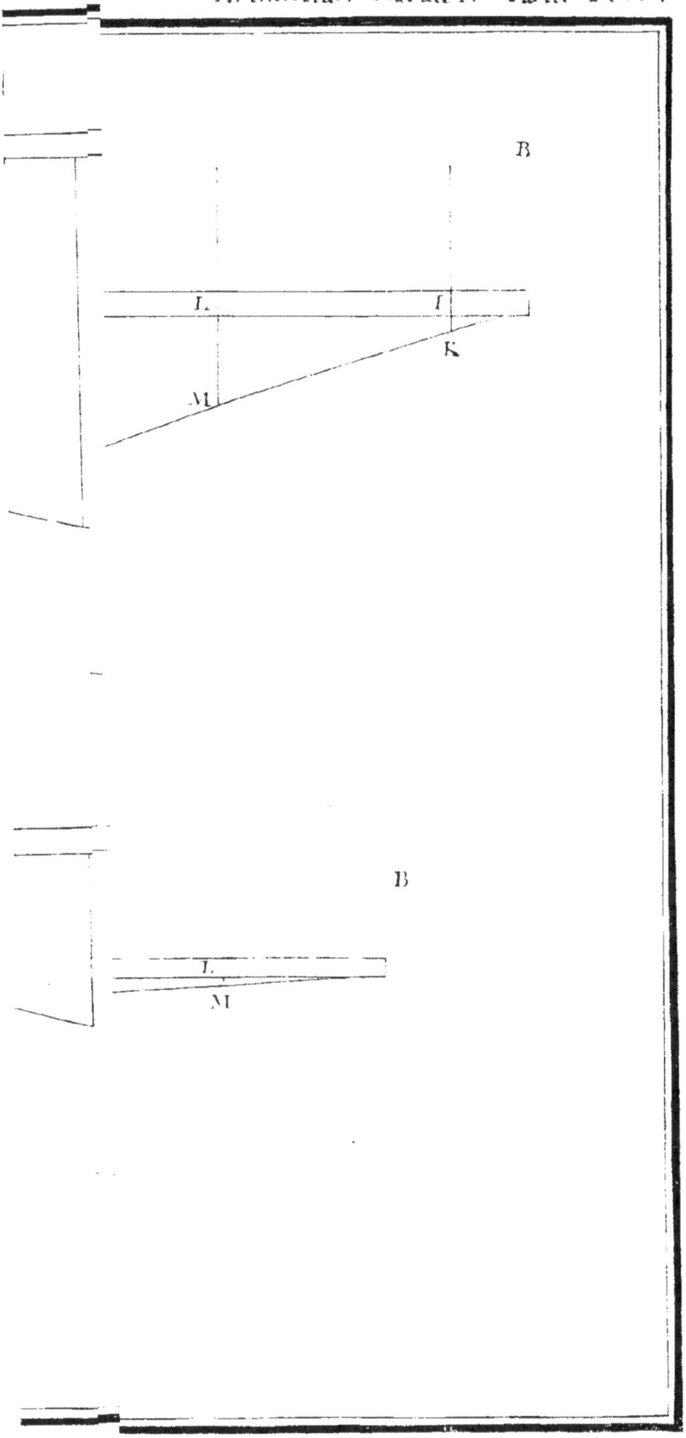

B

L I

K

M

B

L

M

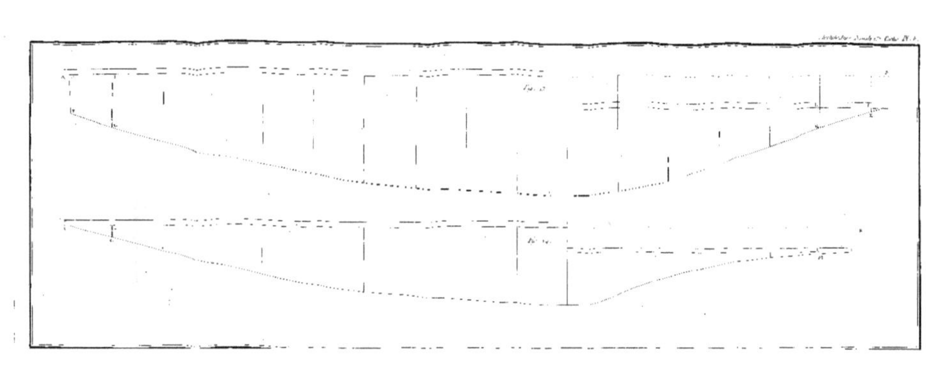

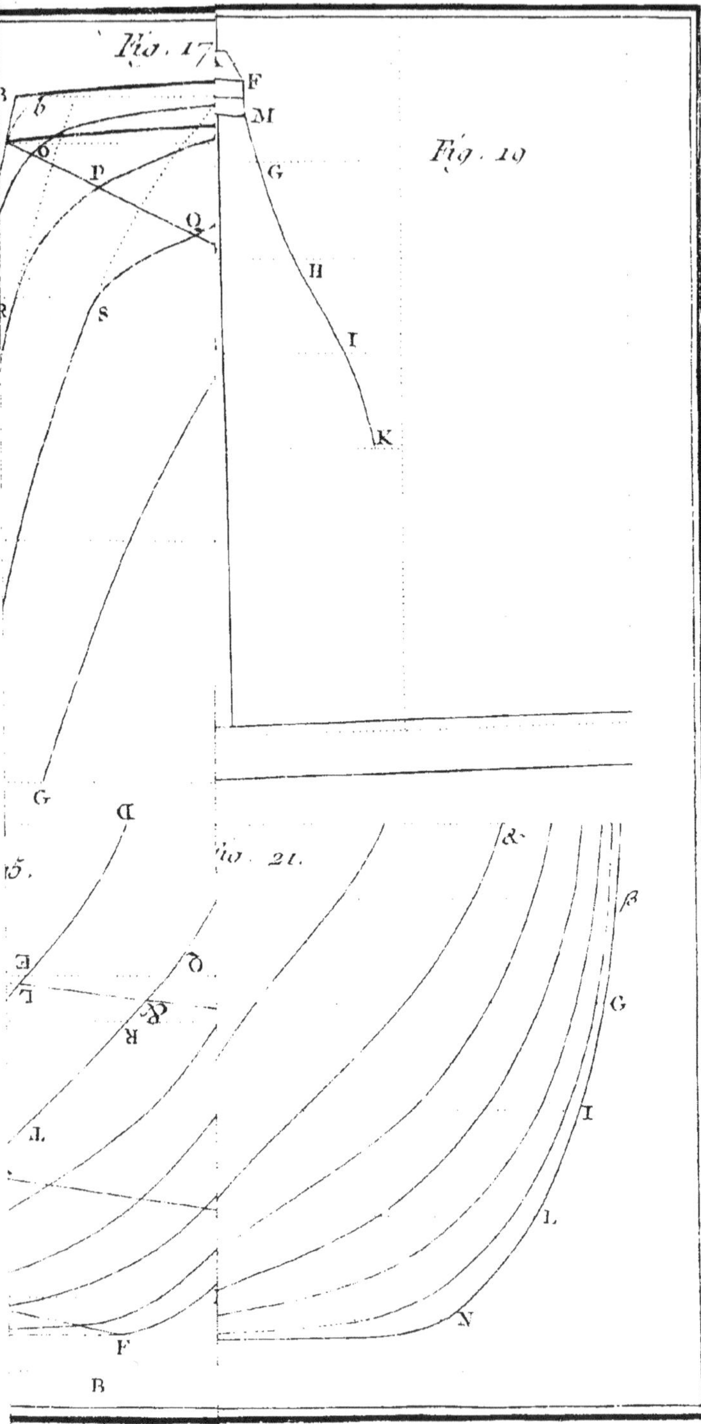
Fig. 17
Fig. 19
F
M
G
H
I
K
b
o
P
Q
S
G
D
Fig. 21.
E
Q
R
L
F
B
&
β
G
I
L
N

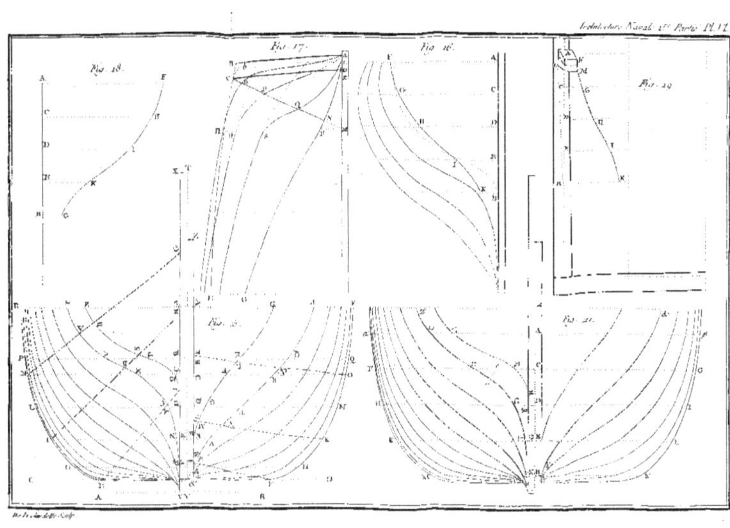
Architecture Navale 1re Partie Pl. II
Fig. 18.
Fig. 17.
Fig. 16.
Fig. 19.
Fig. 21.

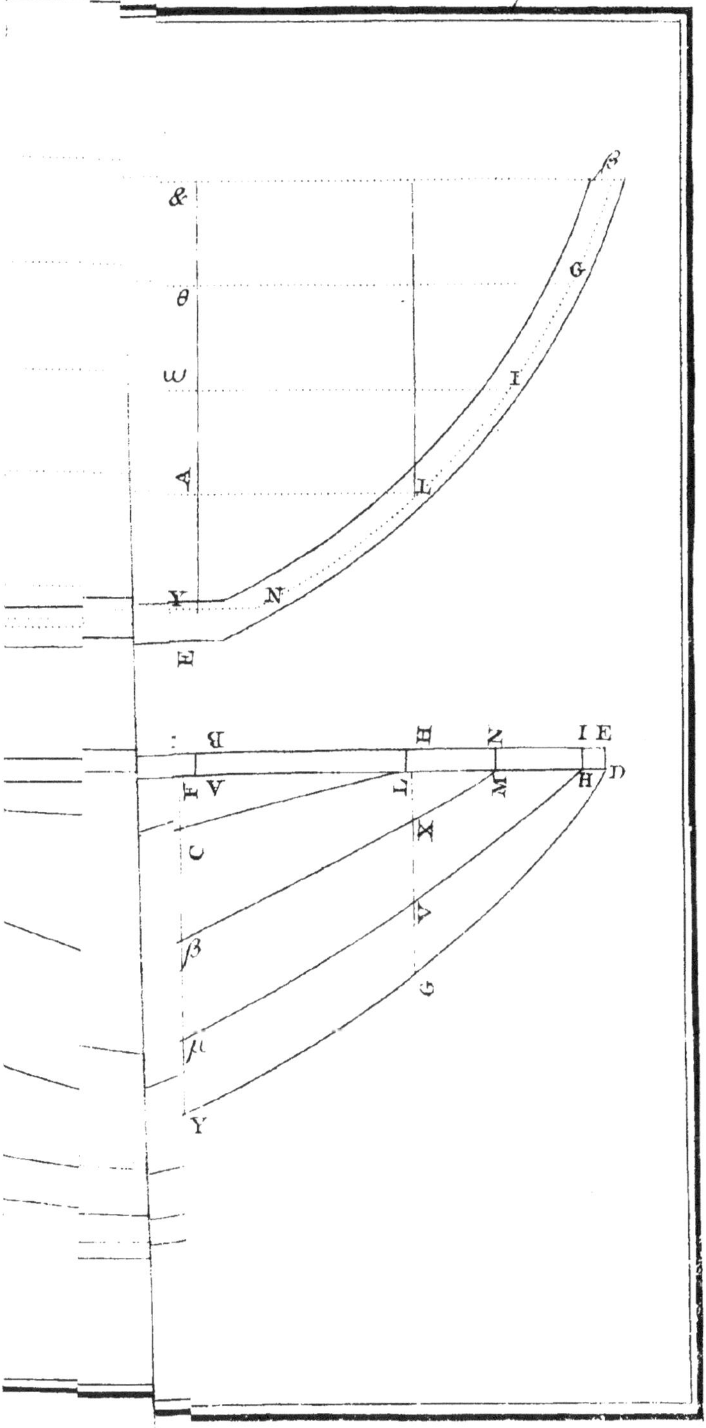
β
&
θ
G
ω
I
A
L
Y
N
E
B
H
N
I E
D
F V
L
M
H
C
X
β
V
G
μ
Y

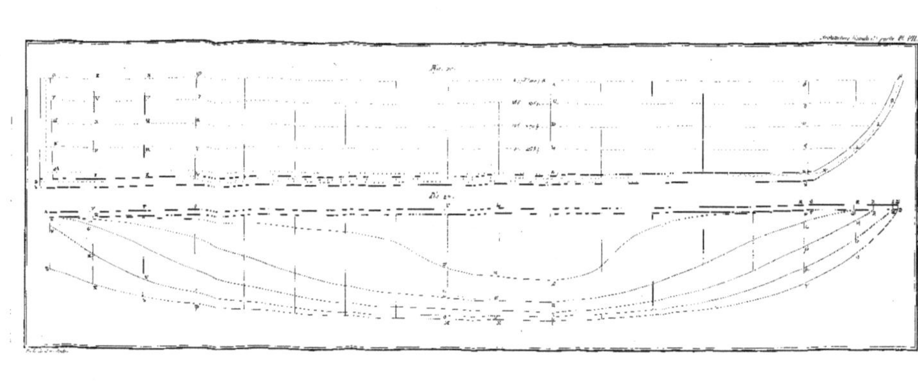

I

H

D

R

β

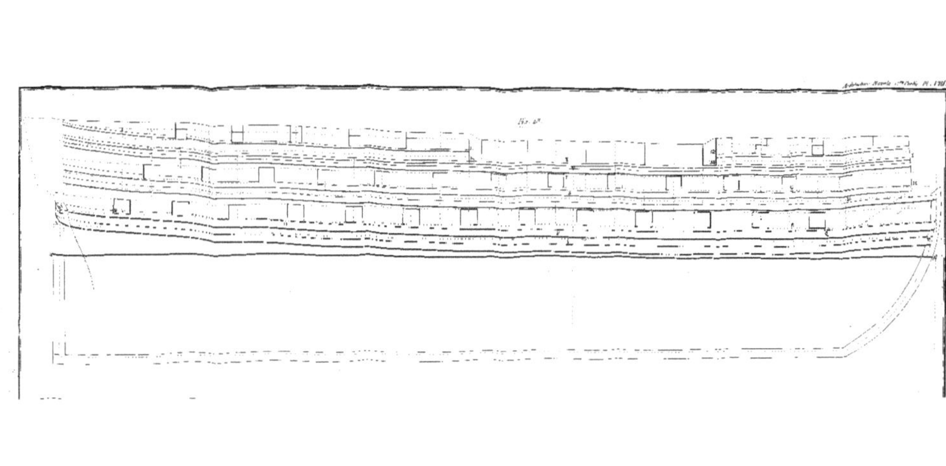

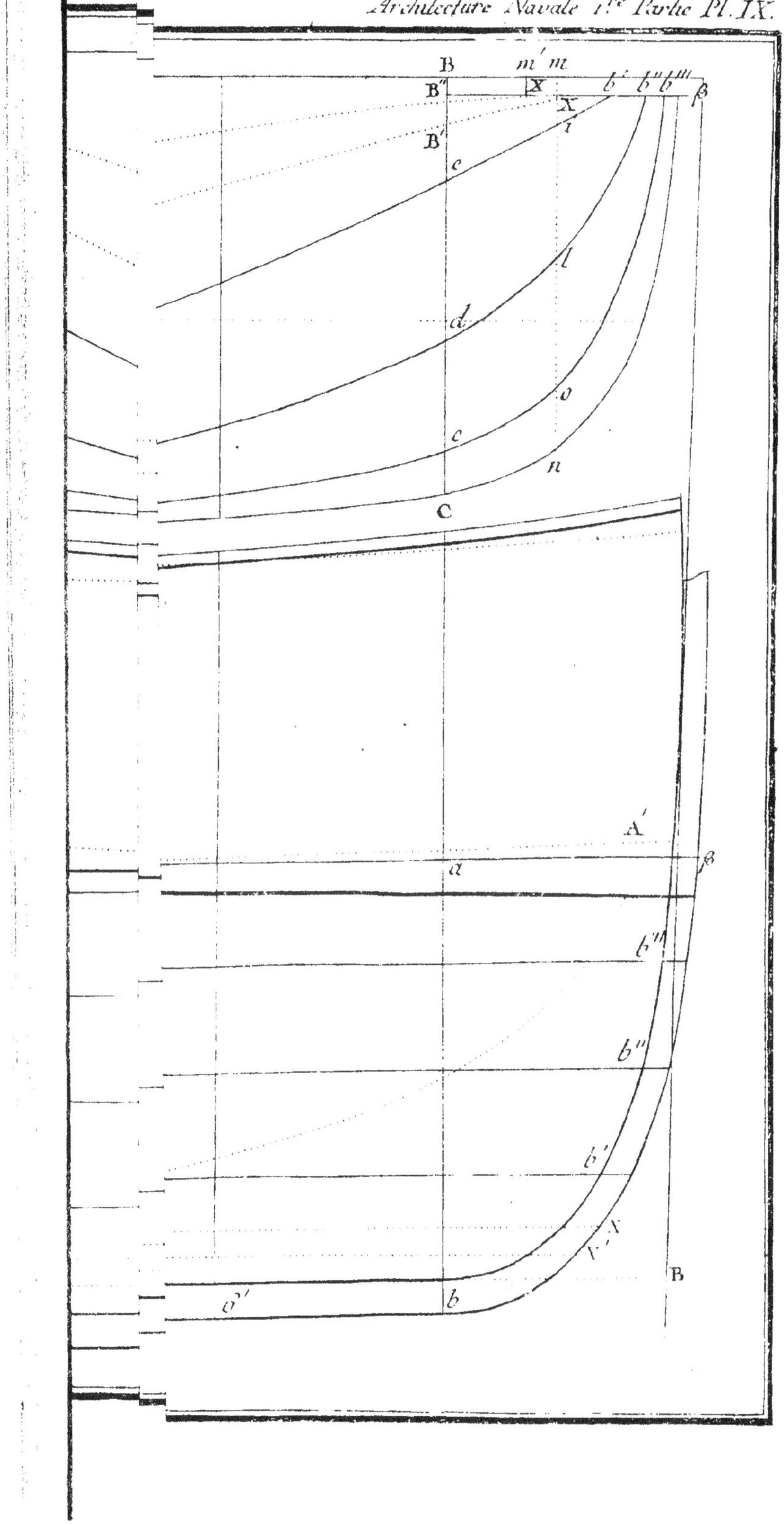
B
m' m
B''
X
b' b'' b''' β
X
i
B'
c
l
d
o
e
n
C
A'
a
β
b'''
b''
b'
b
a'
B

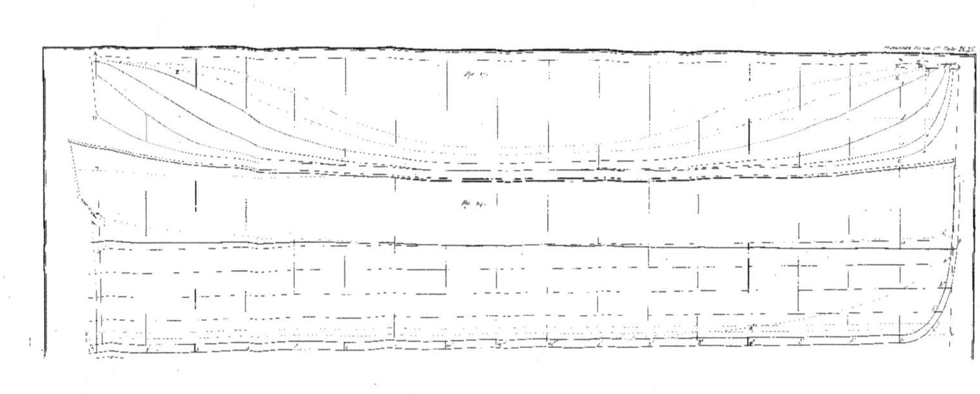

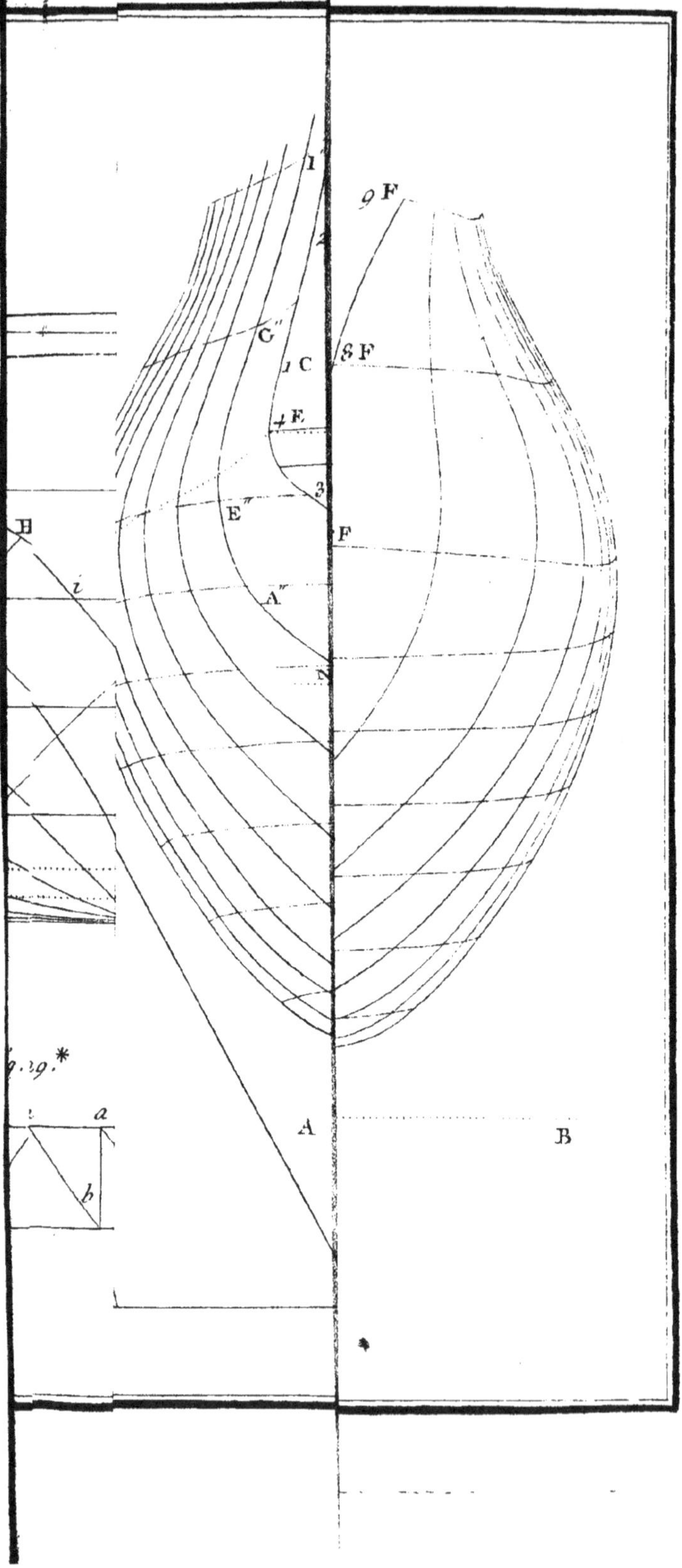

1"
9 F
2
G"
8 F
1 C
4 E
3
E"
F
H
i
A"
N
...g. 29.*
a
h
A
B

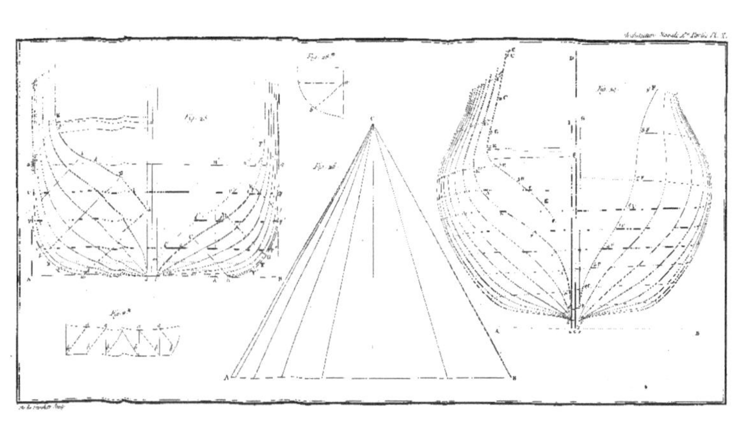

K
H
Fig
F
B
b
β
ω
f′
O
g′
h′
i′
m′
n′
b′
l′
v
7D
a′
o
μ
ε
δ″
δ′

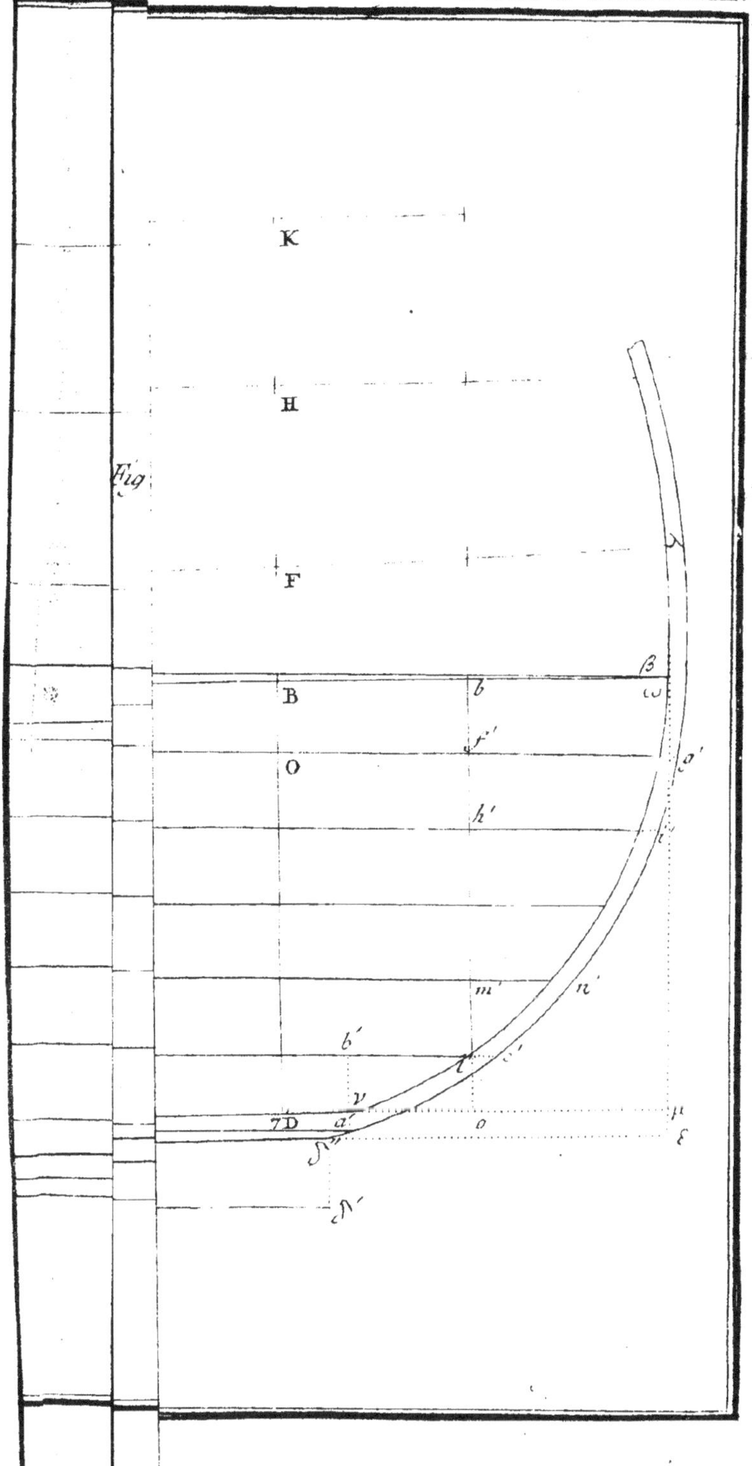

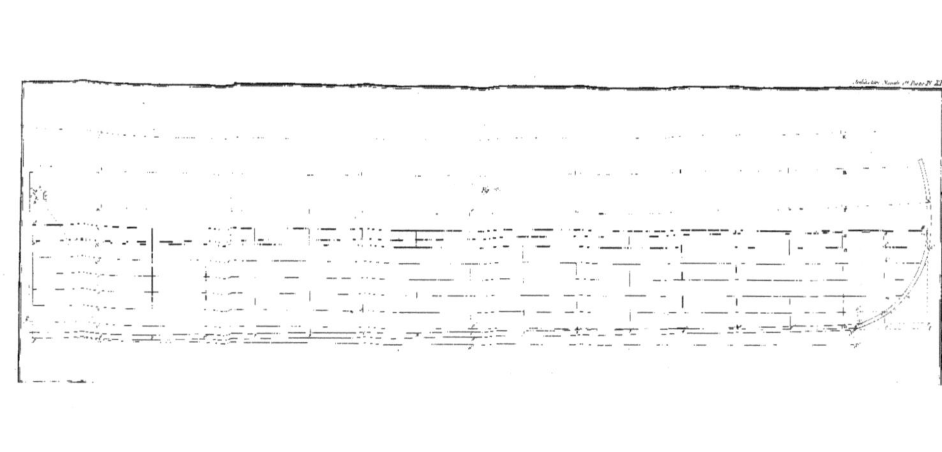

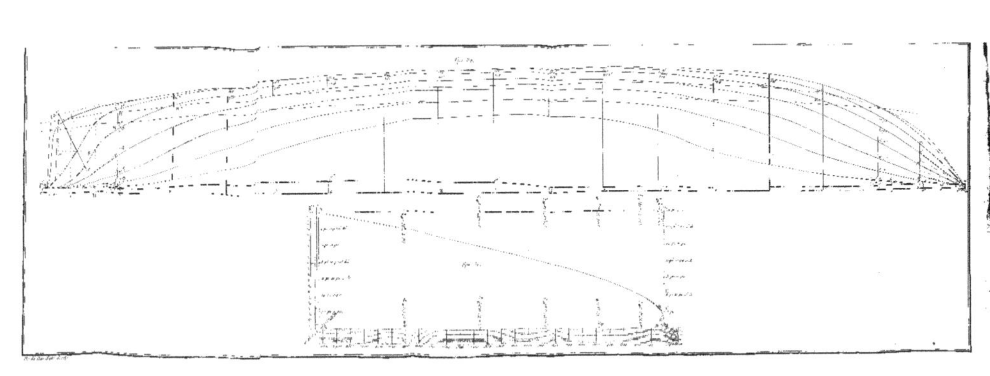

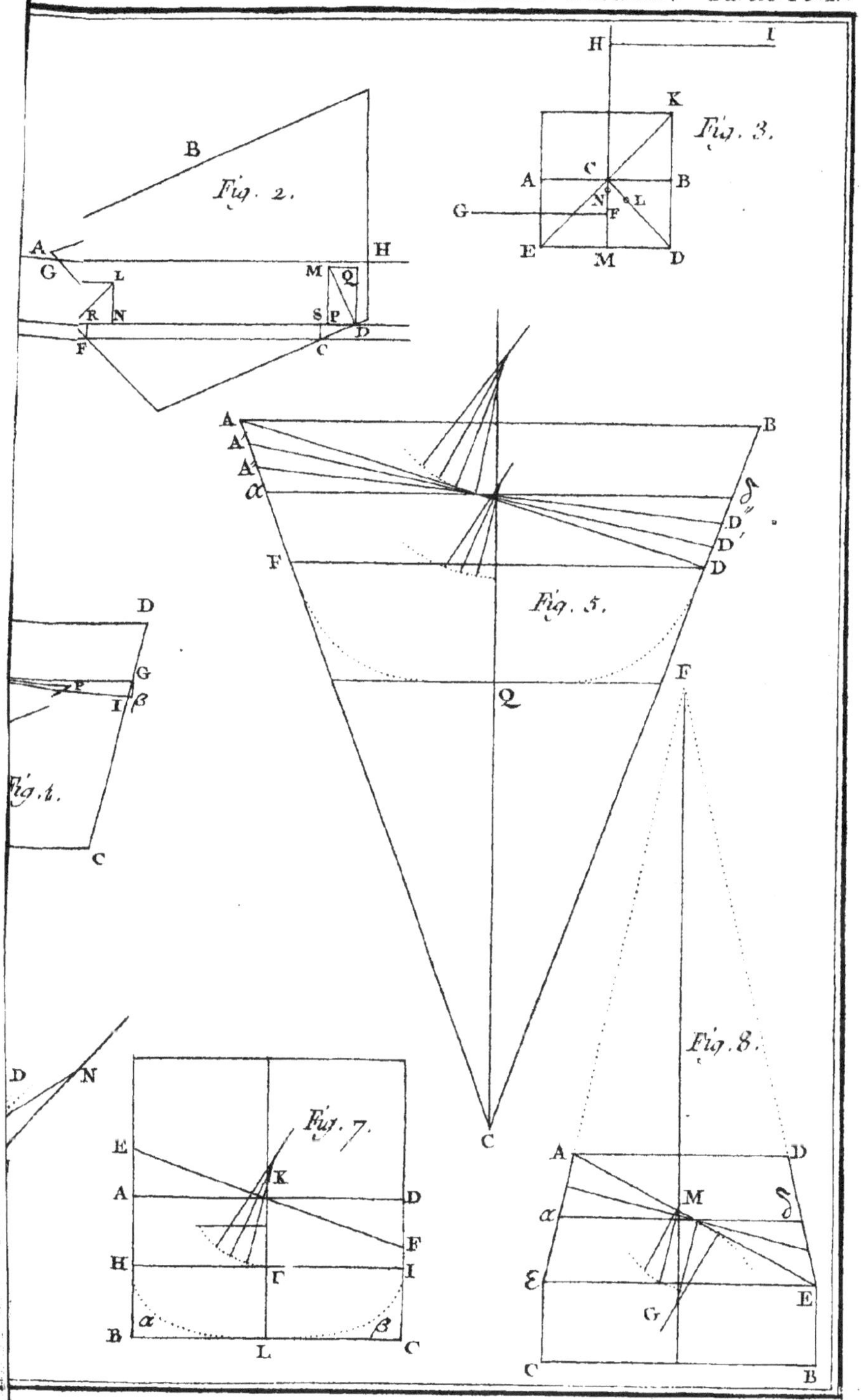

Fig. 2.

Fig. 3.

Fig. 5.

Fig. 1.

Fig. 7.

Fig. 8.

Architecture Navale 2.me Partie Pl. I.

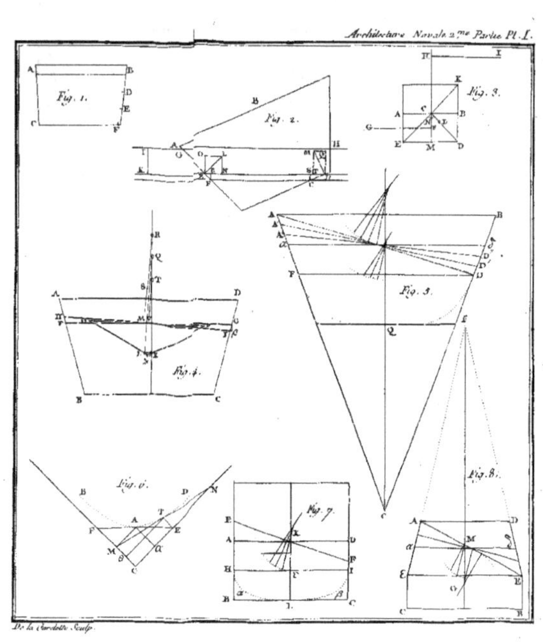

De la Gardette Sculp.

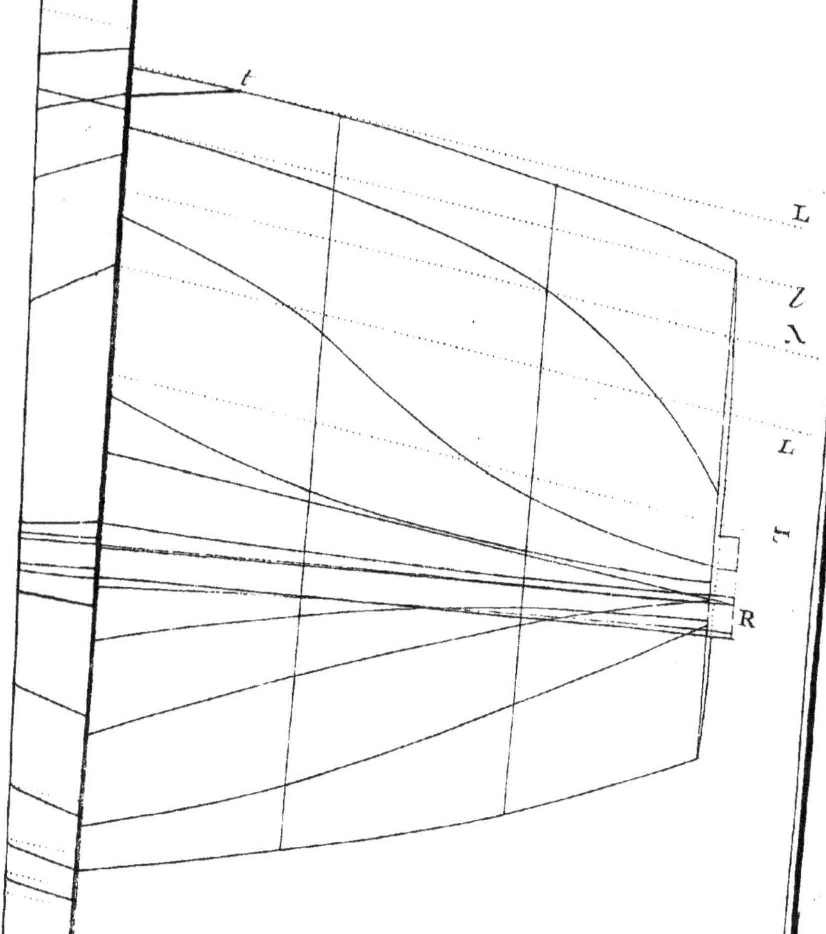

t

L

l

λ

L

L

R

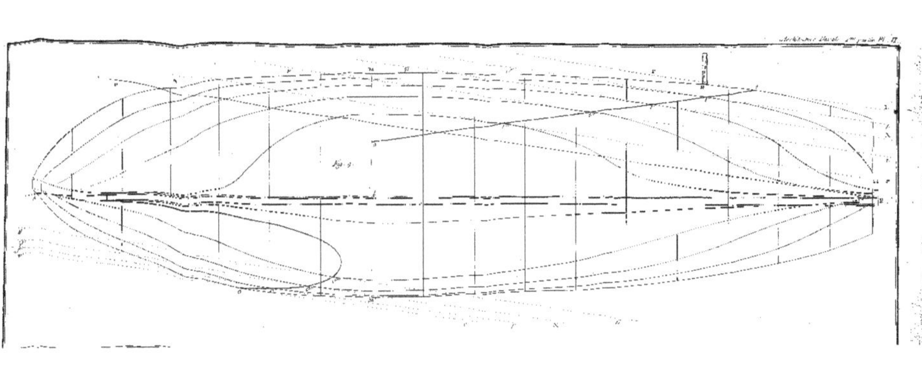

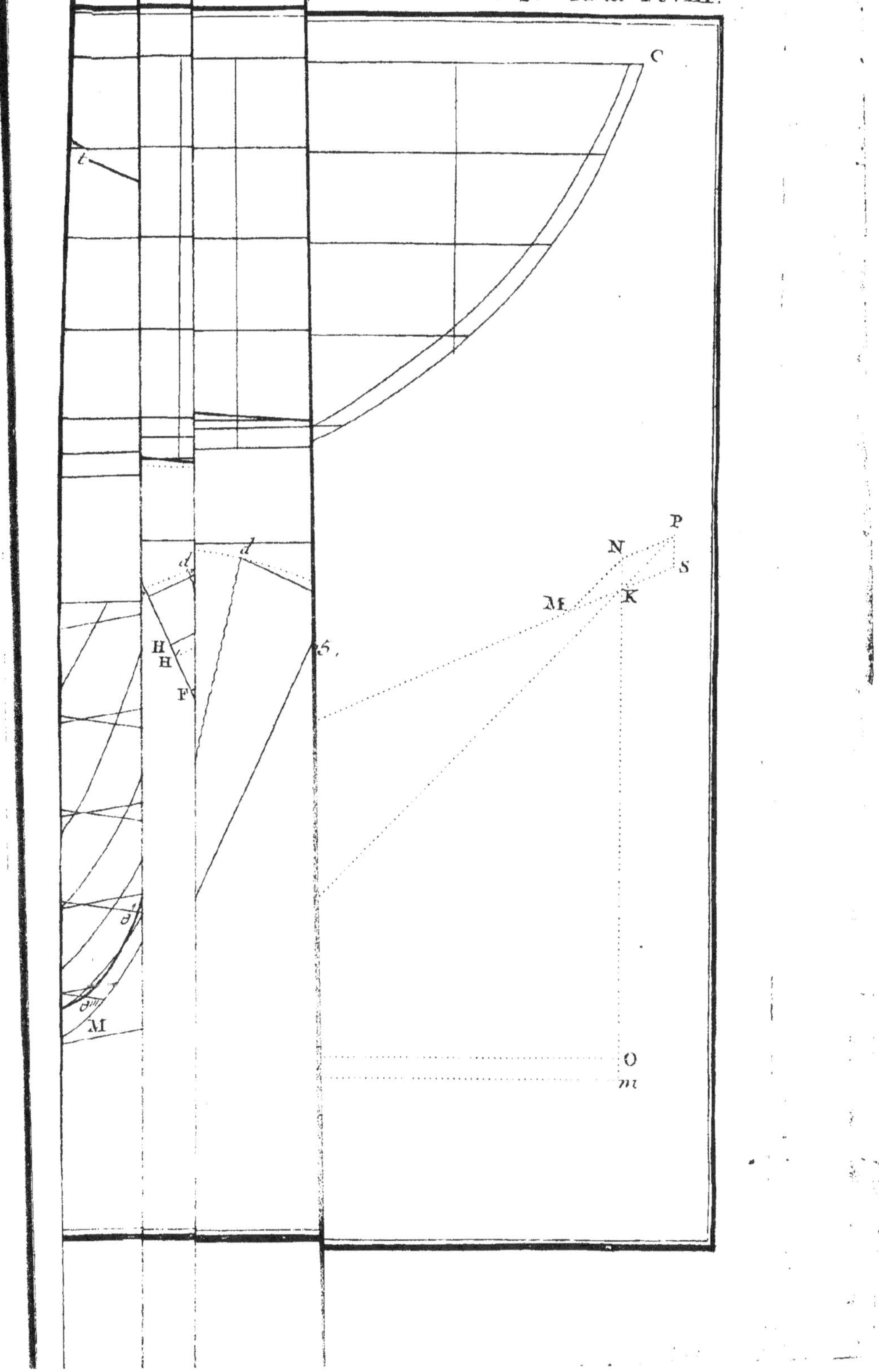

Architecture Navale 2.me Partie Pl. III.

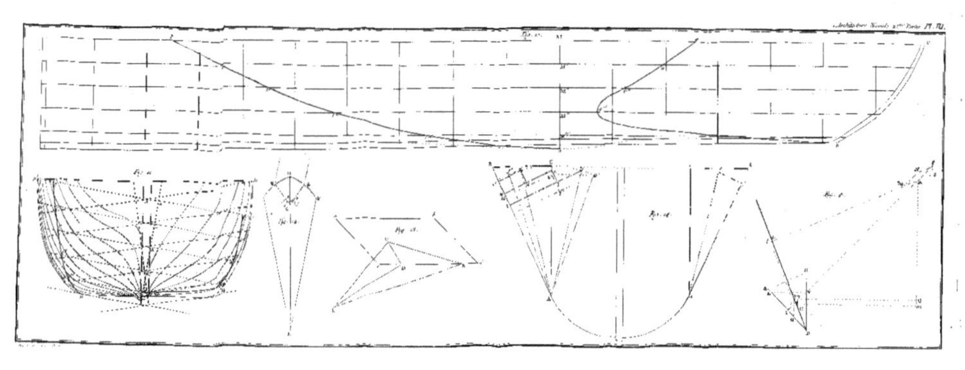
Architecture Navale 2de Partie Pl. III.

www.ingramcontent.com/pod-product-compliance
Lightning Source LLC
LaVergne TN
LVHW050457160826
845677LV00003B/813

* 9 7 8 2 3 2 9 6 7 5 8 3 1 *